U0662178

国家电网有限公司
电力建设起重机械安全监督管理办法

国家电网有限公司　发布

中国电力出版社
CHINA ELECTRIC POWER PRESS

图书在版编目（CIP）数据

国家电网有限公司电力建设起重机械安全监督管理办法 / 国家电网有限公司发布. -- 北京：中国电力出版社，2025. 4. -- ISBN 978-7-5239-0014-7

Ⅰ. TH21

中国国家版本馆 CIP 数据核字第 2025E1E286 号

出版发行：中国电力出版社
地　　址：北京市东城区北京站西街 19 号（邮政编码 100005）
网　　址：http://www.cepp.sgcc.com.cn
责任编辑：薛　红
责任校对：黄　蓓　马　宁
装帧设计：张俊霞
责任印制：石　雷

印　　刷：三河市航远印刷有限公司
版　　次：2025 年 4 月第一版
印　　次：2025 年 4 月北京第一次印刷
开　　本：850 毫米×1168 毫米　32 开本
印　　张：1.25
字　　数：33 千字
定　　价：18.00 元

国家电网有限公司关于印发
《国家电网有限公司作业风险管控工作规定》
等 10 项通用制度的通知

国家电网企管〔2023〕55 号

总部各部门，各机构，公司各单位：

公司组织制定、修订了《国家电网有限公司作业风险管控工作规定》《国家电网有限公司工程监理安全监督管理办法》《国家电网有限公司预警工作规则》《国家电网有限公司电力突发事件应急响应工作规则》《国家电网有限公司安全生产风险管控管理办法》《国家电网有限公司安全生产反违章工作管理办法》《国家电网有限公司业务外包安全监督管理办法》《国家电网有限公司电力安全工器具管理规定》《国家电网有限公司电力建设起重机械安全监督管理办法》《国家电网有限公司安全隐患排查治理管理办法》10 项通用制度，经 2022 年公司规章制度管理委员会第四次会议审议通过，现予以印发，请认真贯彻落实。

国家电网有限公司（印）

2023 年 2 月 10 日

目　　录

国家电网有限公司
电力建设起重机械安全监督管理办法

规章制度编号：国网（安监/4）482－2022

第一章　总　　则

第一条　为了加强国家电网有限公司（以下简称"公司"）电力建设起重机械的安全监督工作，预防起重机械事故，保障人身和财产安全，依据《安全生产法》《中华人民共和国特种设备安全法》《建设工程安全生产管理条例》等国家相关法律法规、行业标准及公司有关规程制度的规定，制定本办法。

第二条　本办法所称电力建设起重机械（以下简称"起重机械"），是指施工作业中所使用的轮胎起重机、履带起重机、门式起重机等特种设备类起重机械，汽车起重机、输变电施工用抱杆、牵张设备等非特种设备类大型起重机械，卷扬机、葫芦、千斤顶、绞磨等中小型起重设备，以及生产建设中新研发的起重机械（以下简称"新型机械"）。电力建设常见起重机械目录见附件1。

第三条　本办法适用于公司总（分）部、各单位及所属各级单位（含全资、控股、代管单位，省管产业单位）的电力建设起重机械安全监督管理工作。

第二章 职 责 分 工

第四条 公司总（分）部起重机械安全监督主要职责：

（一）贯彻落实起重机械安全法律法规、标准，制定并组织落实公司起重机械安全监督管理办法。

（二）监督各单位落实起重机械安全法律法规、标准及公司规章制度，组织开展专项安全监督检查、隐患排查治理等工作。

第五条 省公司级单位起重机械安全监督主要职责：

（一）贯彻落实起重机械安全法律法规、标准及公司规章制度，结合实际开展全过程安全监督工作。

（二）监督所属各单位按照公司规定开展起重机械安全风险管控、隐患排查治理等工作。

（三）组织开展所属各单位起重机械全过程安全监督工作检查和考核评价。

第六条 地市公司级单位、县公司级单位起重机械安全监督主要职责：

（一）贯彻落实起重机械安全法律法规、标准及公司规章制度，结合实际开展全过程安全监督工作。

（二）监督所属各单位及工程业主项目部按照公司规定开展起重机械安全风险管控、隐患排查治理等工作。

（三）监督所属各单位对起重机械安全隐患及管理问题进行闭环管理，落实"五到位"（责任到位、安全投入到位、安全培训到位、安全管理到位、应急救援到位）要求。

（四）组织开展所属各单位及工程业主项目部起重机械全过程安全监督工作检查和考核评价。

（五）监督施工单位定期组织开展起重机械安全技术培训。

第七条 建设管理单位起重机械安全监督主要职责：

（一）贯彻落实起重机械安全法律法规、标准及公司规章制度，结合实际开展建设项目起重机械安全监督工作。

（二）监督所管理工程的业主、施工、监理项目部按照公司规定开展起重机械安全风险管控、隐患排查治理等工作。

（三）监督所管理工程的业主、施工、监理项目部对起重机械安全隐患及管理问题进行闭环管理，落实"五到位"要求。

（四）监督施工单位定期组织开展起重机械安全技术培训。

（五）监督所管理工程建立健全起重机械及操作人员台账，动态掌握工程各阶段起重机械数量、分布和安全状况。

第八条 监理单位起重机械安全监督主要职责：

（一）贯彻落实起重机械安全法律法规、标准及公司规章制度，结合实际开展建设项目起重机械安全监督工作。

（二）监督所管理工程按照公司规定开展起重机械安全风险管控、隐患排查治理等工作。

（三）监督所管理工程对起重机械安全隐患及管理问题进行闭环管理，落实"五到位"要求。

（四）监督所管理的工程建立健全起重机械及操作人员台账。

第九条 施工单位起重机械安全监督主要职责：

（一）贯彻落实起重机械安全法律法规、标准及公司规章制度，结合实际开展全过程安全监督工作。

（二）督促所属各单位（部门）及工程施工项目部按照公司规定开展起重机械安全风险管控、隐患排查治理等工作。

（三）督促所属各单位（部门）及工程施工项目部对起重机械安全隐患及管理问题进行闭环管理，落实"五到位"要求。

（四）督促所属各单位（部门）及工程施工项目部起重机械全过程安全监督工作检查和考核评价。

（五）督促所属各单位（部门）及工程施工项目部建立健全起重机械及操作人员台账，并按要求进行特种设备备案。

（六）组织并督促所属各单位（部门）及工程施工项目部定期

组织开展起重机械安全技术培训。

（七）督促管理租赁的起重机械和专业分包单位自带起重机械及其作业人员的进场、安装、拆卸、使用、维修、检查等过程。

第十条 项目部起重机械安全监督主要职责：

（一）业主项目部

1. 组织并监督施工、监理项目部按照公司规定开展起重机械安全风险管控、隐患排查治理等工作。

2. 监督施工项目部整改起重机械安全隐患。

3. 组织施工、监理项目部开展起重机械安全监督工作检查和考核评价。

4. 监督施工项目部建立健全起重机械及操作人员台账，掌握工程各阶段起重机械数量、分布和安全状况。

5. 监督安装、拆卸单位起重机械安装、拆卸工程专项施工方案的执行情况。

6. 对施工项目部拒不整改起重机械安全隐患且不停工的，经上级部门核查确认后，应取消其作业资格。

（二）监理项目部

1. 审查起重机械的产品质量合格证明文件、驾驶人员的特种作业人员证书、租赁设备合同、安全协议书。掌握工程各阶段起重机械数量、分布和安全状况。

2. 开展起重机械入场、安拆、使用、维护保养和定期检验等安全监督检查、作业旁站、安全检查签证等工作，发现安全隐患，及时下达整改通知书。

3. 监督安装、拆卸单位起重机械安装、拆卸工程专项施工方案编审批手续及方案执行情况。

4. 监督施工项目部整改起重机械安全隐患，发现起重机械资料不齐全、无效、存在安全隐患的，应当要求安装单位、使用单位暂停使用并限期整改，拒不整改或不停止施工，应当立即向业主项目部报告。

（三）施工项目部

1.落实起重机械安全法律法规、标准及公司规章制度。

2.组织开展起重机械安全检查、隐患排查治理工作。

3.组织开展起重机械安全风险识别、评估、控制工作。

4.组织整改起重机械安全隐患、落实"五到位"要求。

5.开展起重作业教育培训工作。建立健全起重机械及操作人员台账，掌握现场起重机械的数量、分布和安全技术状况。掌握现场起重机械作业人员的数量和持证上岗状况，安全操作规程应用熟练情况，实施动态管理。

第三章 安全监督主要内容

第一节 组织机构及人员管理

第十一条 省、市、县各级单位应建立起重机械安全管理和安全监督体系，并对本企业起重机械安全负全面管理责任；施工单位应健全起重机械管理和安全监督体系，对本企业及承揽施工项目中使用的起重机械安全负总责。

第十二条 特种设备类起重机械的司机及指挥人员应按照《特种设备作业人员考核规则》（TSG Z6001）取得特种设备作业人员证。

第十三条 非特种设备类起重机械的司机及指挥人员，以及各类起重机械的司索作业、地面配合作业等人员，应由起重机械使用单位参照《特种设备作业人员考核规则》对其进行培训和考核，考核合格后，发文或发证上岗。

第二节 购 置

第十四条 起重机械的购置，选型要满足实际需要，起重机械管理部门要编制安全技术条件，拟订采购合同，合同中应明确技术条款。经采购双方审核同意后，签订采购合同。

第十五条 招标应选择具有该类型和级别资质的起重机械制造许可证的起重机械制造厂家，其设计和生产必须符合安全技术规范和相关标准要求。

第十六条 新型起重机械制造过程中，应选派专业技术人员按照合同中的安全技术条款和设计文件（包括总图、主要受力结构件图、机械传动图和电气、液压系统原理图）进行监造，并做好监造记录。

第十七条　起重设备的运输,采购双方应在合同中明确运输条款,确定双方的责任和义务。

第十八条　起重机械到货后应组织有关部门验收,核实产品质量合格证明(以下简称产品合格证)、安装及使用维修说明、有关型式试验合格证明等文件。起重机械应在显著位置设置产品铭牌、安全警示标志及其说明。进口设备应符合我国安全技术规范的要求,并经检验合格,其安装及使用维护保养说明、产品铭牌、安全警示标志及其说明应采用中文。将验收记录和资料进行存档,符合要求后方可进行安装、使用。

第十九条　起重机械购置部门要建立所购置设备召回清册,定期了解和记录设备召回情况。

第二十条　禁止购置国家明令淘汰和已经报废、安全性能差、技术落后、安全保护装置和技术资料不完备、未经检验和检验不合格的起重机械。

第三节　租　　赁

第二十一条　应租赁获得国家有关部门经营许可租赁单位的起重机械。禁止向个人租赁起重机械设备。租赁招标需明确营业执照、固定资产规模、商业保险等招标条件。租赁的起重设备在使用过程中需要安装拆卸时,设备出租单位应提供安全生产许可证,特种设备还需提供特种设备安装维修改造许可证。

第二十二条　租赁起重机械必须签订租赁合同,同时签订安全协议,明确租赁双方的安全责任,及运输、安装、报检取证、使用(指挥、操作)、维修保养、拆卸等工作的安全要求及相应责任追究的条款。

第二十三条　在签订合同前应进行资质审查。对于特种设备资质审查的主要内容有:起重机械制造许可证,产品合格证,安装使用说明书,登记备案手续,安全检验合格证,起重机械安装、维修许可证,起重机械作业人员资格证,定期检验报告,定期自行检查记录，定期维护保养记录，维修和技术改造记录，运行故障和生产安全事故记录，累计运转记录，起重机械安全管理制度等。各项证书、技术资料应与实物相符。

第二十四条　租赁的起重机械，应根据工程的结构、规模、进度及施工现场条件合理选择起重机械类型，首先确定机械性能、功率及各项安全技术指标，同时还应满足当地气象、地域等自然条件要求。

第二十五条　起重机械的租赁双方在交接设备时，应对起重机械及随机资料进行验收，并建立验收记录。

第二十六条　租赁的起重机械随机操作人员，应具有相应的资格证书或经过安全操作规程的专业技术培训，经现场安全培训考试合格，并接受使用方的管理。

第二十七条　新型起重机械设备，供货方应为使用方提供现场技术服务与指导，培训操作、维修人员。在首次使用时进行全过程监护，接受使用方的管理。自制、改装的小型起重设备在首次使用前应经过业主、监理、施工单位组织的荷载试验。

第二十八条　禁止租赁或出租下列起重机械：

（一）属国家明令淘汰或者禁止使用的；

（二）不符合安全技术标准或者超过制造厂家规定使用年限的；

（三）没有经过登记部门登记的；

（四）未按规定检验或检验不合格的；

（五）没有完整安全技术档案的；

（六）没有齐全有效的安全保护装置的。

（七）国家法律法规规定的其他情形。

第四节　安装拆卸及改造维修

第二十九条　安装拆卸及改造维修起重机械规定如下：

（一）起重机械安装拆卸及改造维修单位应具有相应资质或

许可。起重机械改造及重大维修活动应委托原制造厂或其他具有相应资质的单位进行，签订合同和安全协议，规定安全技术要求，明确各自责任，编制安装、拆卸、改造、维修专项方案。

（二）购置的起重机械首次安装、拆卸应在制造厂指导下进行，其专项方案必须经过制造厂审核。起重机械安装拆卸、操作人员应经过制造厂培训。

（三）购置的起重机械若为第一台样机，首次安装、拆卸的安全技术工作应由制造厂全权负责，专项方案编制、安全技术交底工作均由制造厂负责。

第三十条　特种设备类起重机械安装、改造、维修前应按照规定向施工所在地的政府主管部门办理告知。

第三十一条　起重量 300kN 及以上，或总高度 200m 及以上，或搭设基础标高在 200m 及以上的起重机械安装拆卸，应成立安装拆卸现场领导小组，明确现场总指挥、监理和施工、技术、安全、质量等负责人及安全责任，并切实履行到位。

第三十二条　安装拆卸及改造维修起重机械应编制专项方案，专项方案的内容、编审批程序、安全技术交底签字和执行应符合起重机械管理部门的要求。

第三十三条　起重机械安装拆卸及改造维修作业必须办理起重机械安装拆卸及改造维修作业票（作业票模板参照附件2）。基建、配网等工程施工相关规程已规定作业票的，沿用已有作业票。

第三十四条　起重机械安装拆卸及改造维修验收要求如下：

（一）特种设备起重机械安装拆卸及改造维修，按照特种设备管理要求进行报备、检验、移交技术资料。手续完备方可投入使用。

（二）非特种设备起重机械安装及改造维修完毕后，安装单位应当自检，出具自检合格证明，并向使用单位进行安全使用说明，办理验收手续后投入使用。

第五节 日 常 管 理

第三十五条 特种设备类起重机械在投入使用前或者投入使用后 30 日内，应按照规定到产权单位所在地登记部门办理使用登记，取得使用登记证书。特种设备登记证书需报本单位安全监督部门备案。登记标志应置于该起重机械的显著位置。

第三十六条 自有起重机械的产权单位或管理单位应对起重机械进行经常性维护保养和定期自行检查并作出记录，应对起重机械的安全附件、安全保护装置进行定期校验、检修并作出记录。

第三十七条 自有起重机械的产权单位或管理单位应按照安全技术规范的要求，在检验合格有效期届满前一个月向检验机构提出定期检验要求。应将定期检验标志置于起重机械的显著位置，未经定期检验或者检验不合格的起重机械，不得继续使用。

第三十八条 起重机械使用后，应及时进行维修保养、检查检验、存放入库，确保起重机械性能完好。

第三十九条 应加强起重机械安全技术台账监督检查管理，起重机械安全技术台账见附件 3。

第六节 使 用

第四十条 起重机械进场使用前，使用单位应检查起重机械安全状况、审查起重机械作业人员资格和起重机械安装拆卸队伍资质。

使用单位应及时将起重机械相关资料报监理项目部审查。监理项目部应按照规定，做好起重机械进场审查和安全检查签证工作。

第四十一条 起重机械专项施工方案、安全技术措施编制与审批应遵守以下规定：

（一）对危险性较大的分部分项工程（见附件 4），由施工项目部总工程师组织编制专项施工方案（含安全技术措施），并附安全验算结果，经施工单位技术、质量、安全等职能部门审核，施工单位技术负责人（或分管领导）审批，报项目总监理工程师签字后，由施工项目部总工程师交底，由施工单位指定专人现场监督实施。

（二）对超过一定规模的危险性较大的分部分项工程（见附件4）的专项施工方案（含安全技术措施），施工单位应按国家有关规定组织专家进行论证、审查。施工单位按照审查意见修改完善后，经业主项目经理审批后由施工单位指定专人现场监督实施。

第四十二条　全体作业人员应参加施工方案、安全技术措施交底，并按规定在交底书上签字确认。施工过程如需变更施工方案，应重新履行审批手续，并组织交底。

第四十三条　起重机械司机负责每天检查起重机械的承重部件和易损部件的磨损情况，对存在安全隐患的路基和不符合吊装要求的场地应提出加固要求。司机应接受起重作业指挥信号的指挥。发现安全隐患或者其他不安全因素，应立即向指挥人员报告。无论何时，司机随时都应执行来自任何人发出的停止信号；停止作业期间，只有得到指挥人员一人的明确信号后方可开始作业。起重机械运行不正常时应立即停止作业，并按照操作规程采取有效措施保证安全。

第四十四条　起重作业应严格遵守相关安全规程中的规定（见附件5）。作业过程中，凡属下列情况之一者，建设管理单位、监理单位、施工单位严格按照公司到岗到位管理要求现场监督，否则不得施工：

（一）被吊重量达到起重作业额定起重量的80%；

（二）两台及以上起重机械联合作业；

（三）起吊精密物件、不易吊装的大件或在复杂场所进行大件吊装；

（四）起重机械在临近带电区域施工；

（五）易燃易爆品必须起吊时；

（六）起重机械设备自身的安装、拆卸；

（七）新型起重机械首次在工程上应用。

第七节　应　急　管　理

第四十五条　施工项目的建设管理单位负责组建由业主项目部经理为组长，业主、监理、施工项目部有关人员为成员的工程项目应急工作组，负责组织制定起重机械事故现场应急处置方案，并开展应急处置方案演练。

第八节　报　　废

第四十六条　起重机械具有下列情形之一的，产权单位应及时予以报废，并采取必要措施消除该设备的使用功能：

（一）属国家明令淘汰或者禁止使用的；

（二）发现存在技术缺陷或安全隐患，经维修检验仍达不到安全技术标准规定的，或无改造、维修价值的；

（三）达到安全技术规范规定的其他报废条件的。

第四十七条　第五十条规定报废条件以外的起重机械，达到设计使用年限可以继续使用的，应按照安全技术规范的要求通过检验或者安全评估，并办理使用登记证书变更，方可继续使用。允许继续使用的，产权单位应制定加强检验、检测和维护保养等措施，并严格执行，确保使用安全。

第四十八条　起重机械报废时，产权单位应向原登记部门办理使用登记证书注销手续。

第四章　事故调查处理

第四十九条　起重机械发生安全事故，事故发生单位应立即启动现场应急处置方案，即时报告事故信息，迅速组织抢救，防止事故扩大，减少人员伤亡和财产损失，并保护好事故现场。

第五十条　发生起重机械事故以及由此引起的人员伤亡事故或电网事故，依据《生产安全事故报告和调查处理条例》《电力安全事故应急处置和调查处理条例》和公司关于事故调查、安全工作奖惩的规定，按照"四不放过"原则进行调查分析和处理。

第五章　附　　则

第五十一条　汽车起重机安全监督管理除执行以上有关条款外，还要执行附件 6 要求。

第五十二条　本办法所引用的法律法规、行业标准、公司文件等如有修订，按最新版本执行。

第五十三条　本办法由国家电网有限公司安全监察部负责解释并监督执行。

第五十四条　本办法自 2023 年 3 月 3 日起施行。原《国家电网公司电力建设起重机械安全监督管理办法》[国家电网企管〔2014〕1467 号之国网（安监/3）482－2014] 同时废止。

附件：1. 电力建设常见起重机械目录
　　　2. 起重机械安装拆卸及改造维修作业票（B）
　　　3. 起重机械安全技术台账
　　　4. 危险性较大的和超过一定规模的危险性较大的分
　　　　　部分项工程范围
　　　5. 起重作业相关安全规定（包含但不限于）
　　　6. 汽车起重机管理要求

电力建设常见起重机械目录

类别	品种	备注
桥式起重机		
	通用桥式起重机	特种设备
	绝缘桥式起重机	特种设备
	电动单梁起重机	特种设备
	电动葫芦桥式起重机	特种设备
门式起重机		
	通用门式起重机	特种设备
	电动葫芦门式起重机	特种设备
	装卸桥	特种设备
	万能杠件拼装式龙门起重机	非特种设备
塔式起重机		
	普通塔式起重机	特种设备
	电站塔式起重机	特种设备
	塔式皮带布料机	非特种设备
流动式起重机		
	轮胎起重机	特种设备
	履带起重机	特种设备
	全路面起重机	非特种设备
	汽车起重机	非特种设备
	随车起重机	非特种设备
门座式起重机		
	门座起重机	特种设备
	固定式起重机	特种设备
	液压折臂起重机	非特种设备

类别	品种	备注
升降机		
	施工升降机	特种设备
	简易升降机	特种设备
	钢索式液压提升装置	非特种设备
	提滑模装置	非特种设备
	升船机	非特种设备
	升降作业平台	非特种设备
	高空作业车	非特种设备
缆索式起重机		特种设备
桅杆式起重机		特种设备
旋臂式起重机		
	柱式旋臂起重机	非特种设备
	壁式旋臂起重机	非特种设备
	平衡悬臂起重机	非特种设备
输变电施工专用设备		
	输变电施工用抱杆	非特种设备
	牵张设备	非特种设备
轻小型起重设备		
	钢丝绳电动葫芦	非特种设备
	防爆钢丝绳电动葫芦	非特种设备
	环链电动葫芦	非特种设备
	气动葫芦	非特种设备
	防爆气动葫芦	非特种设备
	带式电动葫芦	非特种设备
	千斤顶	非特种设备

注：本目录中的特种设备类别和品种摘选自《质检总局关于修订〈特种设备目录〉的公告》（质检总局公告 2014 年第 114 号）及《质检总局关于实施新修订的〈特种设备目录〉若干问题的意见》（国质检特〔2014〕679 号）。

起重机械安装拆卸及改造维修作业票（**B**）

工程名称：   编号：

施工班组		初勘 风险等级		复测后 风险等级	
工序及作业内容			作业部位		
开始时间			结束时间		
执行方案名称				施工人数	
方案技术要点					
具体人员分工	1. 工作负责人： 2.安全监护人： 3. 起重操作工： 4. 其他施工人员：				
主要风险					
作业必备条件					

	确认
1. 特种作业人员持证上岗。	☐
2. 作业人员无妨碍工作的职业禁忌。	☐
3. 无超龄或年龄不足人员参与作业。	☐
4. 配备个人安全防护用品，并经检验合格，齐全、完好。	☐
5. 起重机已根据选用流程，依据起重参数确定；并满足相应的作业环境需求。	☐
6. 起重机的行走路线已确认，路线中薄弱地点已采取加固，起重点地基宜采用开挖分层夯实回填，正式起吊前应进行耐压力测试。	☐
7. 临近带电体作业时，吊臂与带电体安全距离应满足安全工作规程的相关要求；起重机械应采取相应的接地措施。	☐
8. 编制安全技术措施，安全技术方案制定并经审批或专家论证。	☐

作业必备条件	
	确认
9. 施工人员经安全教育培训，并参加过本工程技术安全措施交底。	□
10. 施工机械、设备有合格证并经检测合格。	□
11. 工器具经准入检查，完好，经检查合格有效。	□
12. 安全文明施工设施配置符合要求，齐全、完好。	□
13. 各工作岗位人员对施工中可能存在的风险控制措施清楚。	□
14. 确保高原医疗保障系统运转正常，施工人员经防疫知识培训、习服合格，施工点必须配备足够的应急药品和吸氧设备，尽量避免在恶劣气象条件下工作。（仅高海拔地区施工需做此项检查）	□

作业过程风险控制措施
一、安全综合控制措施
二、现场风险复测变化情况及补充控制措施 1. 变化情况 2. 控制措施

全员签名					

新增人员签名：

工作负责人		审核人	
安全监护人		签发人	
监理人员		业主项目经理 （如需）	
签发日期			
备　　注			

起重机械安全技术台账

起重机械的相关单位应建立起重机械安全技术资料，安全技术资料包括（但不限于）以下内容：

（1）起重机械的设计文件、产品质量合格证明、安装及使用维护保养说明、监督检验证明等技术资料和文件；

（2）起重机械的定期检验和定期自行检查记录；

（3）起重机械的日常使用状况记录；

（4）起重机械及其附属仪器仪表的维护保养记录；

（5）起重机械的运行故障和事故记录；

（6）租赁起重机械的租赁合同及安全协议；

（7）起重机械台账；

（8）起重机械作业人员台账、操作证书、体检报告；

（9）起重机械作业人员培训、考试记录；

（10）使用登记证明、安装告知书、安拆作业专项方案、检验报告书、技术交底签字记录等。

附件 4

危险性较大的和超过一定规模的危险性 较大的分部分项工程范围

一、危险性较大的分部分项工程（包含但不限于）

（1）采用非常规起重设备、方法，且单件起吊重量在 10kN 及以上的起重吊装工程；

（2）采用起重机械进行安装的工程；

（3）起重机械安装和拆卸工程。

二、超过一定规模的危险性较大的分部分项工程（包含但不限于）

（1）采用非常规起重设备、方法，且单件起吊重量在 100kN 以上的起重吊装工程；

（2）起重量 300kN 及以上，或搭设总高度 200m 及以上，或搭设基础标高在 200m 及以上的起重机械安装和拆卸工程。

附件 5

起重作业相关安全规定

（包含但不限于）

一、起重作业一般规定

（1）禁止使用起重机械进行斜拉、斜吊和起吊地下埋设或凝固在地面上的重物以及其他不明重量的物体。

（2）吊索与物件的夹角宜采用 45°～60°，且不得小于 30°或大于 120°，吊索与物件棱角之间应加垫块。

（3）物件起升和下降速度应平稳、均匀，不得突然制动。

（4）禁止起吊物件长时间悬挂在空中，作业中遇突发故障，应采取措施将物件降落到安全地方，并关闭发动机或切断电源后进行检修。无法放下吊物时，应采取适当的保险措施，除排险人员外，任何人员不得进入危险区域。

（5）在起吊、牵引过程中，受力钢丝绳的周围、上下方、转向滑车内角侧、吊臂和起吊物的下面，禁止有人逗留和通过。

（6）吊物上不可站人，禁止作业人员利用吊钩上升或下降。禁止用起重机械载运人员。

（7）禁止起重臂跨越电力线进行作业。

（8）吊件吊起 100mm 后应暂停，检查起重系统的稳定性、制动器的可靠性、物件的平稳性、绑扎的牢固性，确认无误后方可继续起吊。对易晃动的重物应拴好控制绳。

二、流动式起重机作业规定

（1）起重滑车、钢丝绳（套）等起重工器具使用前应进行检查。

（2）起重设备的吊索具和其他起重工具应按出厂说明书和铭牌的规定使用，不准超负荷使用。

（3）起重机行驶和作业的场地应保持平坦坚实，机身倾斜度不得超过制造厂的规定，其车轮、支腿或履带的前端、外侧与沟、坑边缘的距离不得小于沟、坑深度的 1.2 倍，小于 1.2 倍时应采取防倾倒、防坍塌措施。

（4）流动式起重机作业现场应地面平整坚实，站位符合专项施工方案要求，支腿伸展到位、支平垫稳。流动式起重机遇作业现场不平整、不坚实时，应平整地面，并采取枕木、钢板铺垫支腿分散压强的措施。作业中禁止扳动支腿操纵阀；调整支腿应在无载荷时进行，且应将起重臂转至正前或正后方位。

（5）汽车式起重机起吊作业应在起重机的侧向和后向进行；变幅角度或回转半径应与起重量相适应。起重机带载回转时，回转速度要均匀，重物未停稳前，不准作反向操作。向前回转时，臂杆中心线不得越过支腿中心。

（6）起吊重物时，重物中心与吊钩中心应在同一垂线上；荷载由多根钢丝绳支承时，宜设置能有效地保证各根钢丝绳受力均衡的装置。作业中发现起重机倾斜、支腿不稳等异常现象时，应立即使重物降落在安全的地方，下降中禁止制动。

（7）当吊钩处于作业位置最低点时，卷筒上缠绕的钢丝绳，除固定绳尾的圈数外，放出钢丝绳时，卷筒上应至少保留 3 圈；当吊钩处于作业位置最高点时，卷筒上还宜留有至少 1 整圈的绕绳余量。

（8）停机时，应先将重物落地，不得将重物悬在空中停机。

（9）起吊作业完毕后，应先将臂杆放在支架上，后起支腿；吊钩应用专用钢丝绳挂牢或固定于规定位置。

（10）汽车式起重机禁止吊物行走。履带起重机主臂工况吊物行走时，吊物应位于起重机的正前方，并用绳索拉住，缓慢行走；吊物离地面不得超过 500mm，吊物重量不得超过起重机当时允许起重量的 70%。履带起重机塔式工况禁止吊物行走。

（11）履带起重机行驶时，地面的接地比压要符合说明书的要求，必要时可在履带下铺设路基板，回转盘、臂架及吊钩应固定住，汽车式起重机下坡时不得空挡滑行。

（12）作业时，臂架、吊具、辅具、钢丝绳及吊物等与架空输电线及其他带电体之间不得小于安全距离，且应设专人监护。

（13）长期或频繁地靠近架空线路或其他带电体作业时，应采取隔离防护措施。

（14）加油时禁止吸烟或动用明火。油料着火时，应使用泡沫灭火器或砂土扑灭，禁止用水浇泼。

三、千斤顶作业规定

（1）油压式千斤顶的安全栓有损坏，或螺旋、齿条式千斤顶的螺纹、齿条的磨损量达 20%时，禁止使用。

（2）千斤顶应设置在平整、坚实处，并用垫木垫平。

（3）千斤顶禁止超载使用，不得加长手柄，不得超过规定人数操作。

（4）使用油压式千斤顶时，任何人不得站在安全栓的前面。

（5）用 2 台及 2 台以上千斤顶同时顶升一个物体时，千斤顶的总起重能力应不小于荷重的 2 倍。顶升时应由专人统一指挥，确保各千斤顶的顶升速度及受力基本一致。

四、起重滑车作业规定

（1）滑车应按铭牌规定的允许负载使用，如无铭牌，应经计算和试验后重新标识方可使用。

（2）在受力方向变化较大的场合或在高处使用时应采用吊环式滑车。

（3）使用开门式滑车时应将门扣锁好。采用吊钩式滑车，应有防止脱钩的钩口闭锁装置。

（4）滑车的缺陷不得焊补。

五、链条葫芦作业规定

（1）使用前应检查和确认吊钩及封口部件、链条、转动装置及刹车装置可靠，转动灵活正常。

（2）刹车片禁止沾染油脂和石棉。

（3）起重链不得打扭，不得拆成单股使用；使用中发生卡链，应将受力部位封固后方可进行检修。

（4）手拉链或者扳手的拉动方向应与链槽方向一致，不得斜拉硬扳；手动受力值应符合说明书的规定，不得强行超载使用。

（5）操作人员禁止站在葫芦正下方，不得站在重物上面操作，也不得将重物吊起后停留在空中而离开现场，起吊过程中禁止任何人在重物下行走或停留。

（6）带负荷停留较长时间或过夜时，应采用手拉链或扳手绑扎在起重链上，并采取保险措施。

（7）起重能力在 5t 以下的允许一人拉链，起重能力在 5t 以上的允许两人拉链，不得随意增加人数猛拉。

（8）两台及以上链条葫芦起吊同一重物时，重物的重量应不大于最小链条葫芦的允许起重量。

六、抱杆作业规定

（1）抱杆规格选用应根据专项施工方案荷载计算确定，不得超负荷使用。

（2）使用前，应对受力抱杆进行详细检查，金属抱杆，整体弯曲不得超过杆长的 1/600，局部弯曲严重、磕瘪变形、表面腐蚀、裂纹或脱焊不得使用。

（3）采用抱杆组塔时，抱杆、绞磨、卷扬机、地锚、起重滑车、钢丝绳、绳卡、卸扣等起重工器具配置应满足已经批准的施工技术方案要求。抱杆组装应正直，连接螺栓的规格不得以小代大并应全部拧紧。

（4）抱杆拆卸及运输过程中，不得与钢丝绳等硬物磨擦、碰撞，应用麻布或木料等隔开。严禁抛掷。

（5）抱杆帽或承托环表面有裂纹、螺纹变形或螺栓缺少不得使用。

（6）未检验、待维修的抱杆及附件不得进入施工现场，经检查不合格的应做明显标识隔离存放。

（7）使用倒落式抱杆时，总牵引地锚出土点、制动系统中心、抱杆顶点及杆塔中心四点应在同一垂直面上，不得偏移。人字抱杆的根部应保持在同一水平面上，并用钢丝绳连接牢固。

（8）抱杆长度超过 30m 以上一次无法整体起立时，多次对接组立应采取倒装方式，禁止采用正装方式对接组立悬浮抱杆。

（9）提升抱杆宜设置两道腰环，且间距不得小于 5m，以保持抱杆的竖直状态。构件起吊过程中抱杆腰环不得受力。

（10）吊装构件前，抱杆顶部应向受力反侧适度预倾斜。构件吊装过程中，应对抱杆的垂直度进行监视，抱杆向吊件侧倾斜不宜超过 100mm。无拉线摇臂抱杆不宜双侧同时起吊构件。若双侧起吊构件应设置抱杆临时拉线。

七、起重工器具检查和试验周期参考标准

编号	起重工器具名称	检查与试验质量标准	检查与试验周期
1	白棕绳、纤维绳	检查：绳子光滑、干燥，无磨损现象。 试验：以 2 倍容许工作荷重进行 10min 的静力试验，不应有断裂和显著的局部延伸现象	每月检查一次；每年试验一次
2	钢丝绳（起重用）	检查： （1）绳扣可靠，无松动现象。 （2）钢丝绳无严重磨损现象。 （3）钢丝断裂根数在规程规定限度以内。 试验：以 2 倍容许工作荷重进行 10min 的静力试验，不应有断裂和显著的局部延伸现象	每月检查一次（非常用的钢丝绳在使用前应进行检查）；每年试验一次
3	合成纤维吊装带	检查：吊装带外部护套无破损，内芯无断裂。 试验：以 2 倍容许工作荷重进行 12min 的静力试验，不应有断裂现象	每月检查一次；每年试验一次
4	铁链	检查： （1）链节无严重锈蚀，无磨损。 （2）链节无裂纹。 试验：以 2 倍容许工作荷重进行 10min 的静力试验，链条不应有断裂、显著的局部延伸及个别链节拉长等现象	每月检查一次；每年试验一次

编号	起重工器具名称	检查与试验质量标准	检查与试验周期
5	葫芦（绳子滑车）	检查： （1）葫芦滑轮完整灵活。 （2）滑轮吊杆（板）无磨损现象，开口销完整。 （3）吊钩无裂纹、变形。 （4）棕绳光滑无任何裂纹现象（如有损伤须经详细鉴定）。 （5）润滑油充分。 试验： （1）新安装或大修后，以1.25倍容许工作荷重进行10min的静力试验后，以1.1倍容许工作荷重作动力试验，不应有裂纹、显著局部延伸现象。 （2）一般的定期试验，以1.1倍容许工作荷重进行10min的静力试验	每月检查一次；每年试验一次
6	绳卡、卸扣等	检查：丝扣良好，表面无裂纹。 试验：以2倍容许工作荷重进行10min的静力试验	每月检查一次；每年试验一次
7	电动及机动绞磨（拖拉机绞磨）	检查： （1）齿轮箱完整，润滑良好。 （2）吊杆灵活，铆接处螺丝无松动或残缺。 （3）钢丝绳无严重磨损现象，断丝根数在规程规定范围以内。 （4）吊钩无裂纹变形。 （5）滑轮滑杆无磨损现象。 （6）滚筒突缘高度至少应比最外层绳索的表面高出该绳索的一个直径，吊钩放在最低位置时，滚筒上至少剩5圈绳索，绳索固定点良好。 （7）机械转动部分防护罩完整，开关及电动机外壳接地良好。 （8）卷扬限制器在吊钩升起距起重构架300mm时自动停止。 （9）荷重控制器动作正常。 （10）制动器灵活良好。 试验： （1）新安装的或经过大修的以1.25倍容许工作荷重升起100mm进行10min的静力试验后，以1.1倍容许工作荷重作动力试验，制动效能应良好，且无显著的局部延伸。 （2）一般的定期试验，以1.1倍容许工作荷重进行10min的静力试验	6个月检查一次，第（3）项使用前应进行检查，第（7）～（10）项每月检查一次；每年试验一次

编号	起重工器具名称	检查与试验质量标准	检查与试验周期
8	千斤顶	检查： （1）顶重头形状能防止物件的滑动。 （2）螺旋或齿条千斤顶，防止螺杆或齿条脱离丝扣的装置良好。 （3）螺纹磨损率不超过 20%。 （4）螺旋千斤顶，自动制动装置良好。 试验： （1）新安装的或经过大修的，以 1.25 倍容许工作荷重进行 10min 的静力试验后，以 1.1 倍容许工作荷重作动力试验，结果不应有裂纹，显著局部延伸现象。 （2）一般的定期试验，以 1.1 倍容许工作荷重进行 10min 的静力试验	每年检查一次；每年试验一次
9	吊钩、卡线器、双钩、紧线器	检查： （1）无裂纹或显著变形。 （2）无严重腐蚀、磨损现象。 （3）转动部分灵活、无卡涩现象。 （4）吊钩的防脱钩装置功能应完好无损。 试验：以 1.25 倍容许工作荷重进行 10min 的静力试验，用放大镜或其他方法检查，不应有残余变化、裂纹及裂口	半年检查一次；每年试验一次
10	抱杆	检查： （1）金属抱杆无弯曲变形、焊口无开焊。 （2）无严重腐蚀。 （3）抱杆帽无裂纹、变形。试验：以 1.25 倍容许工作荷重进行 10min 的静力试验	每月检查一次、使用前检查；每年试验一次
11	其他起重工具	试验：以≥1.25 倍容许工作荷重进行 10min 的静力试验（无标准可依据时）	使用前检查；每年试验一次
12	备注	注 1：新的起重设备和工具，允许在设备证件发出日起 12 个月内无须重新试验。 注 2：机械和设备在大修后应试验，而不应受预防性试验期限的限制	

附件 6

汽车起重机管理要求

一、定义

汽车起重机是指未列入国家《特种设备安全法》《特种设备目录》，由交通管理部门按照载重汽车管理，起重作业部分安装在通用或专用的汽车底盘上，驾驶室与起重操作室分离的轮胎自行起重机。

二、检验和人员资质要求

汽车起重机宜参照特种设备进行安全性能监督检验并取得安全性能监督检验证书。

汽车起重机指挥、司机宜取得政府相关机构（行政审批、市场监督单位或部门）颁发的有效证件。其他作业人员宜参加由相关部门、相关行业、企业组织的技能培训班，培训合格并取得相应培训证件。

三、租赁

（一）汽车起重机出租和承租单位应签订书面租赁合同和安全协议，必须明确各自的有关起重机械安全管理要求和技术状况要求及安全责任等。

（二）应租赁获得国家有关部门经营许可租赁单位的起重机械。禁止向个人租赁起重机械设备。租赁招标需明确营业执照、固定资产规模、商业保险等项目需求。

（三）汽车起重机宜选用车龄小于 10 年且未发生安全事故的。随机操作人员，应具有相应的资格证书，经过安全操作规程的专业技术培训，宜具有不少于 3 年起吊操作经验。

四、进场管理

（一）进场前报审应遵守以下规定：

（1）进场前应具备的条件：拟进场的汽车起重机手续齐全并在有效期内；操作人员、指挥人员随汽车起重机同时进场；租赁的汽车起重机已签订租赁合同和安全协议；起重作业施工方案已审批。

（2）施工项目部应按要求将拟进场的汽车起重机资料报监理项目部审核，需报审的资料有（不限于）：车辆行驶证、驾驶证、起重机械操作证、保险（交强险、第三者责任险、作业险）、租赁合同和安全协议、定期检验报告（检验合格证）。

（3）报审资料应真实有效，复印件应清晰符合档案管理要求。

（4）监理项目部主要审核内容：拟进场设备符合起重作业施工方案要求；证件齐全真实有效。

（二）进场安全检查应遵守以下规定：

（1）汽车起重机进场后，施工项目部、监理项目部、出租单位应共同对已进场的起重机进行安全检查，由施工项目部填写检查表（见附表）。

（2）施工项目部主要检查的内容：进场的起重机型号与施工方案要求一致；随车的起重特性曲线及性能表与施工方案中进行安全验算使用的数据一致；设备外观检查良好，部件齐全有效；钢丝绳无断丝断股、吊钩完好；支腿、吊臂伸缩自如，无异响；各种监测仪表以及制动器、限位器、力矩限制器、安全阀、闭锁机构等安全装置应完好齐全、灵敏可靠，不得随意调整或拆除；喇叭、电铃或汽笛等信号装置音响清晰；起重臂、吊钩、平衡重等转动体上标有鲜明的色彩标志。

（3）监理项目部主要检查内容：进场起重机及操作人员与报审一致；施工项目部已按要求对进场机械进行检查，无影响起重作业安全的项目。

（4）首次进场使用的汽车起重机宜进行额定起重力矩试吊，

吊件离地 100mm，持续时间应大于 10min，试吊应作记录，参与人员应签字确认。

五、起重作业实施

（一）汽车起重机进场后，应对起重操作人员和指挥人员进行起重作业相关的安全培训，考试合格后方可进行现场起重作业，并在起重作业前进行安全技术交底。

（二）起重作业应具备的条件：

（1）按照有关规定完成施工方案编制，其中，使用单台起重机起吊的，单吊起重量不得超过额定起重量的 80%；使用两台起重机抬吊同一重物的，起重机承担的构件重量应考虑不平衡系数后且不应超过单机额定起吊重量的 80%。施工方案已批准，并完成项目部和班组级交底。

（2）各类人员、安全工器具、施工机械设备、材料等经报审并批准，满足现场安全技术要求。施工作业前仔细检查现场安全工器具、施工机械设备合格后方可使用。

（3）上述措施完成后，由作业负责人办理施工作业票。

（三）每次起重作业前均应对汽车起重机进行安全检查，按照施工方案中的起重机站位图（俯视图和侧视图）和起重特性曲线及性能表落实起重机站车位置，核实起吊重量，符合施工方案。

（四）起重作业现场必须设起重指挥和专职安全监护人员，监理人员应进行安全旁站。

（五）起重作业中指挥人员工作要求：

（1）熟悉起重机械性能，充分掌握施工方案，严格执行起重作业安全规程、起重吊装安全技术方案及风险预控措施。

（2）组织做好作业现场障碍物清理、无关人员清场、警戒区设置、夜间照明设置，监督吊臂下方严禁人员靠近。

（3）站在操作人员能看清指挥信号的安全位置，正确使用标准指挥信号，指挥信号必须清晰、正确。

（4）用两台起重机吊运同一物件时，应确保各台起重机同步。

（六）起重作业中司机工作要求：

（1）严格执行起重机械安全操作规程、起重吊装安全技术方案及风险预控措施。

（2）保持操作室内无杂物堆放，禁止非操作人员进入操作室。

（3）接受指挥人员的指挥。无论何时，都应执行来自任何人发出的停止信号。

（4）拒绝违章指挥，拒绝执行含义不明或错误的指挥信号。禁止利用限制器和限位装置代替操纵机构。

（5）未经指挥人员许可，不得擅自离开操作岗位。接班时，对制动器、吊钩、钢丝绳和安全装置进行检查。发现性能不正常时，必须在操作前排除。

（6）作业期间不得使用手机等与工作无关的电子设备。

（7）参加作业点每日站班会。

（七）起重作业中起重司索人员工作要求：

（1）服从起重指挥人员的指挥，对指挥人员的违章指挥应予以拒绝。

（2）起吊前检查安全情况；起吊有棱角的或特别光滑的物件时采取防磨防滑措施。

（3）严禁用手直接校正已被重物张紧的绳子，如钢丝绳、链条等；吊运中发现捆绑松动或吊运工具发生异响，应立即停车检查。

（八）现场专职安全监护人员在起重作业过程中进行全过程监护。

六、作业过程安全管控措施

（一）起重作业应划定作业区域并设置相应的安全标志，禁止无关人员进入。起重作业位置应地基稳固，附近的障碍物清除。起重臂下和重物经过的地方禁止有人逗留或通过。

（二）指挥人员看不清作业地点或操作人员看不清指挥信号时，均不得进行起吊作业。

（三）起吊物体应绑扎牢固，吊钩应有防止脱钩的保险装置。

若物体有棱角或特别光滑的部位时，在棱角和滑面与绳索（吊带）接触处应加以包垫。起重吊钩应挂在物件的重心线上。

（四）含瓷件的组合设备不得单独采用瓷质部件作为吊点，产品特别许可的小型瓷质组件除外。瓷质组件吊装时应使用不危及瓷质安全的吊索，如尼龙吊带等。

（五）吊件吊起 100mm 后暂停，检查起重系统的稳定性、制动器可靠性、物件的平稳、绑扎的牢固性，确认无误后方可继续起吊，对易晃动的重物应拴好控制绳。

（六）仔细核对每次起吊重量，严格按照施工方案控制单吊重量，严禁超重起吊。

（七）分片（段）吊装设备（构支架、铁塔等）时，吊装前，应对待吊装设备进行全面检查。上下段间有任一处连接后，不得用旋转起重臂的方法进行移位找正。

（八）在电力线附近组塔时，起重机应接地良好。起重机及吊件、牵引绳索和拉线与带电体的最小安全距离应符合《安规》规定。

（九）起重机在作业中出现异常时，应立即采取措施放下吊件，停止运转后进行检修，不得在运转中进行调整或检修。

（十）使用两台起重机抬吊同一重物时，各起重机应互相协调，起吊速度应基本一致。

（十一）当风速达到五级（8.0～10.7m/s）及以上或大雨、大雪、大雾等恶劣天气时，停止露天的起重吊装作业。重新作业前，应先试吊，并确认各种安全装置灵敏可靠后进行作业。

七、起重十不吊

起重作业要严格遵守"十不吊"：

（一）超过额定负荷不吊；

（二）多人指挥、指挥信号不明或光线暗淡看不清不吊；

（三）吊索和附件捆缚不牢，不符合安全要求不吊；

（四）吊挂重物直接进行加工时不吊；

（五）歪拉斜挂不吊；

（六）工件上站人或工件上浮放活动物件不吊；

（七）带棱角快口物件尚未垫好不吊；

（八）易燃、易爆等危险品无安全措施不吊；

（九）埋在地下的物体未采取措施不拔吊；

（十）五级（8.0～10.7m/s）以上大风不吊。

附表：汽车起重机进场准入检查表

附表

汽车起重机进场准入检查表

所属公司：　　　　　　　　　　车　　号：

司　　机：　　　　　　　时　间：　年　　月　　日

序号	排查项目	排查内容	排查结果（√/×）
1	使用登记情况	1. 设备是否办理使用登记（报审表、租赁合同、安全协议、派车单）	
		2. 是否办理车辆保险并在有效期范围内（交强险、第三者责任商业险、作业险、人身意外伤害险）	
		3. 安全技术档案（使用、维修、保养记录等）是否齐全	
		4. 汽车式起重机械品种（型式）是否满足使用条件要求	
		5. 是否按规定进行定期检验	
		6. 检验合格标志是否按规定标注	
2	持证上岗情况	1. 汽车式起重机司机、指挥和司索工是否按规定要求进行入场前安全教育培训及交底	
		2. 人员证件是否齐全	
3	安全使用状况	1. 制动器、限位器、力矩限制器和各种安全保护装置是否齐全、有效	
		2. 吊车性能参数是否与施工方案相符	
4	设备本体状况	1. 钢结构是否存在损坏、变形、腐蚀、开裂现象；吊臂伸缩是否平稳、不卡顿，逐节检查无损坏、变形	
		2. 钢丝绳有否断丝、磨损、扭结和锈蚀等情况；在卷筒中的安全限位器是否有效	
		3. 滑轮无裂纹缺损，且转动灵活	
		4. 吊钩有防脱钩保险卡，吊钩型号与车型匹配。钩体没有裂纹、无补焊痕迹	
		5. 各传动部分运行是否正常，润滑是否良好	
		6. 支腿是否伸缩灵活，无漏油现象；垫板、垫木符合要求	

序号	排查项目	排查内容	排查结果（√/×）
4	设备本体状况	7. 各种电气设备及元件是否完整，固定是否牢固，接地是否符合规定，布线是否合理，无损坏现象；与使用环境是否相适应	
		8. 灯光仪器（各种仪表、灯光、喇叭及各种指示灯、警示灯齐全有效）	
		9. 驾驶室视线良好，无影响操作的杂物	

检查单位：　　　　　　　　　　　　检查人员：